Bibliografische Information der Deutschen Nationalbibliothek:

Die Deutsche Bibliothek verzeichnet diese Publikation in der Deutschen Nationalbibliografie; detaillierte bibliografische Daten sind im Internet über http://dnb.d-nb.de/ abrufbar.

Impressum:

Copyright © 2017 GRIN Verlag, Open Publishing GmbH
Druck und Bindung: Books on Demand GmbH, Norderstedt Germany
ISBN: 9783668441965

Dieses Buch bei GRIN:

http://www.grin.com/de/e-book/359172/die-wirtschaftsgeographischen-entwicklungsfaktoren-von-airport-cities

Tobias Ignatzek

Die wirtschaftsgeographischen Entwicklungsfaktoren von Airport-Cities

GRIN Verlag

Technische Universität Chemnitz
Philosophische Fakultät
Juniorprofessur Humangeographie Ostmitteleuropas

Die wirtschaftsgeographischen Entwicklungsfaktoren von Airport-Cities

Seminararbeit im Rahmen des Seminars
„Themen der Humangeographie"

Sommersemester 2016

Abgabedatum: 30.01.2017

Kontaktdaten:
Name: Tobias Ignatzek

Inhaltsverzeichnis

1. Einführung

1.1. Die Bedeutung von Flughäfen und ihren Agglomerationen

Flughäfen nehmen seit den 1990er Jahren im Angesicht der Globalisierung eine immer zentralere Rolle im Bereich der Fortbewegung, des Transports und der Geschäftsabwicklung ein. Bereits im Jahr 2015 reisten 3,5 Milliarden Menschen per Flugzeug,[1] wobei 60,1 Millionen Passagiere den Frankfurter Flughafen und 29,5 Millionen Reisende die Berliner Flughäfen[2] benutzten. Neben der Bedeutung als Gateways für Personen und Transportgut, spielen Airports eine wichtige Rolle als regionaler Arbeitgeber. Oft sind im direkten Flugbetrieb viele Arbeitskräfte involviert, sei es als Pilot, Flugbegleiter oder im Ground-Handling und Sicherheitsbereich. Der größte Teil der Arbeitsplätze in und um die Terminals entfällt jedoch häufig auf angrenzende Unternehmen, welche besonders den Charakter des Flughafens als Mobilitätsportal nutzen. Dazu zählen vor allem Logistikunternehmen und international agierende Dienstleistungsunternehmen der Informations- und Consultingbranche.[3] Neben diesen siedeln sich ebenso vermehrt Einzelhandelsunternehmen, Hotels und Entertainmentdienstleister in Terminalnähe an. Folglich werden vermehrt neue Arbeitsplätze und Arbeitsorte geschaffen. Letztere zeigen sich in dem Neubau von Bürogebäuden und Geschäftsvierteln, wie beispielsweise den Gateway Gardens in Frankfurt oder dem Randstad-Viertel in der Nähe des Amsterdamer Schiphol Flughafens. Diese um Flughäfen entstehenden Agglomerationen sind eine wichtige Triebkraft der regionalen Wirtschaft und Wertschöpfung. Sie ziehen letztlich nicht nur flug- und mobilitätsaffine Unternehmen an, sondern sind gleichermaßen attraktiv für Unternehmen die von ausgehenden Wissens- und Technologietransfers profitieren. Folgend aus diesem Bedeutungswachstum des Flughafens, der Schaffung neuer Arbeitsplätze und dem damit verbundenen Ausbau von Geschäftsvierteln entstehen in einem korrelativen Prozess vermehrt suburbane Strukturen, die Airport-Cities.

1.2. State of the Art

In der Literatur wurde sich bisher besonders der genaueren Begriffsbestimmung und –abgrenzung der Airport-City gewidmet. Eine umfassende Auseinandersetzung liefert Christian Pohl, der in seiner Arbeit vorhandene Definitionen untersucht, kategorisiert und abschließend eine universelle Definition ableitet.[4] Weitergreifend beschäftigt sich John Kasarda mit der Erscheinung der Airport-Cities. In seinen Untersuchungen entwickelt er dieses Phänomen weiter und definiert den Begriff der Aerotropolis. Innerhalb dieser fortgeschrittenen Agglomeration dient die Airport-City nur noch als Kern der wirtschaftlichen und sozialen Aktivitäten und nimmt so die Funktion eines Central

---

[1] International Air Transport Association: 2015.
[2] Arbeitsgemeinschaft Deutscher Verkehrsflughäfen: 2016.
[3] Kasarda: 2007. S. 106.
[4] Vgl. Pohl: 2009.

Business Districts wahr.[5] Weiterhin werden die Wirkungen auf die Region und die umliegenden Städte in den Mittelpunkt gestellt, wobei ein neues regionales Planungsmodell gefordert wird, um einerseits die neu entstehenden Strukturen effizienter nutzen und gleichzeitig besser in die regionale Infrastruktur integrieren zu können. Klaus Einig und Jan Arnim Schubert gehen in Ihrer Arbeit besonders der Frage nach, ob und inwiefern an deutschen Flughäfen eine Airport-City und folgend eine Aerotropolisbildung wahrgenommen werden kann.[6] Kritisch mit diesem Thema setzen sich dagegen Charles, Barnes, Ryan und Clayton auseinander und beleuchten vor allem die langfristig kritischen und limitieren Einflüsse der Entwicklung der Airport-Cities, welche beispielsweise in den zukünftig steigenden Ölpreisen und in steigenden Sicherheitsrisiken zu sehen sind.[7] Trotz der umfassenden Forschung über die Definition, Erscheinung und Wirkung der Airport-Cities besteht, obgleich der Beachtung der Arbeit von Jan Arnim Schubert,[8] ein allgemeines Defizit an Untersuchungen hinsichtlich ihrer wirtschaftsgeographischen Entstehungsfaktoren. Diesen kommt allerdings eine zentrale Wichtigkeit für wachsende Airports und deren umliegenden Gebieten zu, da sie Aufschluss über mögliche Handlungsperspektiven und Entwicklungshemmnisse geben.

1.3. Forschungsfrage

Daran anschließend wird in dieser Forschungsarbeit auf Grundlage moderner geographischer Theorien, die Frage nach den kritischen Entwicklungsfaktoren für Airport-Cities gestellt. Aufbauend auf die theoretische Herleitung dieser Faktoren sollen Handlungsperspektiven aufgezeigt und auftretende Unzulänglichkeiten für die Entwicklung am Airport Berlin-Brandenburg International identifiziert werden.

Die beiden Forschungsfragen lauten demnach:

a. Welche wirtschaftsgeographischen Faktoren bestimmen die Entstehung und die Entwicklung von Airport-Cities unter der Berücksichtigung der Netzwerktheorie und des Konzepts der „global cities"?
b. Welche Handlungsperspektiven und Probleme leiten sich aus diesen im Vergleich der Flughäfen Frankfurt International und Berlin-Brandenburg International ab?

1.4. Zielstellung

Ziel dieser Forschungsarbeit soll die Ermittlung und Darlegung der Entwicklungsfaktoren von Airport-Cities sein. Dabei gilt als Ziel, die Darlegung unter zugrunde legen der Theorie der

---

[5] Vgl. Kasarda: 2000, 2001, 2006, 2007.
[6] Einig und Schubert: 2008.
[7] Charles, Barnes, Ryan und Clayton: 2007. S. 1010.
[8] Schubert: 2015.

Netzwerkgesellschaft nach Manuel Castells[9] und aufbauend auf das Konzept der „global cities" nach Saskia Sassen[10] zu realisieren. Aufgrund des breiten Feldes möglicher Entwicklungsfaktoren spezialisiert sich die Untersuchung in dieser Arbeit auf eine wirtschaftsgeographische Betrachtung mit Fokus auf wirtschaftliche Faktoren, wie den Agglomerationsvorteilen sowie den Standort- und Zugangsvorteilen, welche sich für potentielle Unternehmen ergeben könnten. Die Analyse der Entwicklungsfaktoren gliedert sich dabei in drei Teilaspekte.

Im ersten Teilaspekt werden die Faktoren in Verbindung mit der Gatewayfunktion, also ihres Charakters als terrestrische Zugänge in das globale Wirtschaftsnetzwerk, der Flughäfen genauer untersucht. Des Weiteren widmet sich die Analyse den räumlichen und infrastrukturellen Anforderungen der Airports, um ein erfolgreiches Wachstum der suburbanen Strukturen zu ermöglichen. Der letzte Teil der Analyse hat das Anliegen die erforderlichen Gegebenheiten für eine Entwicklung der Airport-City hinsichtlich des intermodalen Charakters der Flughäfen aufzuzeigen. Anschließend an die theoretische Analyse der jeweiligen Entwicklungsfaktoren, werden diese im Vergleich auf die Flughäfen Frankfurt am Main und Berlin-Brandenburg angewandt, wobei am Flughafen Frankfurt International bereits eine weitestgehend ausgebaute Airport-City angenommen wird. Folgend sollen Handlungsperspektiven und Probleme beim Ausbau der Berliner Airport-City aufgezeigt werden.

Durch die Kombination des ersten theoretischen Hauptteils mit dem zweiten eher praktischen Hauptteil soll eine umfassende Beantwortung der Fragen, welche Entwicklungsfaktoren bestehen und welche Perspektiven sich daraus für den Willy-Brandt-Airport in Berlin ableiten, gelingen.

2. Theoretische Herangehensweise und methodische Annäherung

Airport-Cities sind komplexe Erscheinungen, die seit 1990 in Nordamerika, Europa und mittlerweile auch in Ostasien zu beobachten sind. Um die Faktoren der Entstehung und Entwicklung dieser Agglomerationen um große Flughäfen darzulegen und in einem bestimmten Raum, Unterschiede bestimmen zu können, bedarf es der Klärung des theoretischen Hintergrundes und der genauen Abgrenzung des Untersuchungsgegenstandes.

2.1. Definition und Abgrenzung der Airport-City

Flughäfen erfahren in letzter Zeit einen deutlichen Bedeutungszuwachs. Dabei stellen sie die vierte Entwicklungsstufe, nach Seehäfen, Binnenhäfen und zuletzt Hauptbahnhöfen, als zentrale Verkehrs- und Handelsknoten dar.[11] Maurits Schaafsma sieht hierbei Parallelen zwischen den unmittelbaren Umgebungen von Hauptbahnhöfen im 19. und frühen 20. Jahrhundert und denen von

---

[9] Castells: 2003.
[10] Sassen: 2001.
[11] Kasarda: 2000. S. 32.

Flughäfen in der heutigen Zeit. In beiden Fällen treten Agglomerationen auf, denen die Entstehung und Entwicklung um einen zentralen Verkehrsknotenpunkt gemein ist. [12] Ähnlich der Stadtviertelentwicklungen um Hauptbahnhöfe im 18. und 19. Jahrhundert entstehen Airport-Cities direkt um die Terminals der Flughäfen und zeichnen sich darüber hinaus durch eine überdurchschnittliche Anzahl an landseitigen Büroflächen, Handelszentren, Hotel- und Gastronomieeinrichtungen, Unterhaltungsangeboten wie bspw. Kinos oder Casinos, großflächigen Parklösungen sowie durch direkte Verkehrsanbindungen an Schnellstraßen und den Schienenverkehr aus. [13] Die Flughafenbetreiber einer Airport-City erzielen mittlerweile weitaus höhere Erträge aus dem Non-Aviation-Bereich als aus dem direkten Flugbetrieb. Gründe hierfür sind in der Vermietung und dem Verkauf von Immobilien oder Bebauungsflächen an Unternehmen, Hotels und Entertainmentdienstleister zu sehen. Die entstehenden stadtähnlichen Strukturen sind jedoch von der Entwicklung zur Aerotropolis nach Kasarda abzugrenzen. [14] Als Aerotropolis charakterisiert Kasarda eine neue urbane Form, die sich auf ein Gebiet bis zu 20 Kilometer um den Flughafen erstreckt und als neue Stadt beziehungsweise neuer Stadtteil fungiert. [15] Den räumlichen als auch funktionalen Kern der Aerotropolis bildet nach Kasarda die Airport-City, die als Vorstufe der Aerotropolis gesehen wird. Im Gegensatz zu der materiellen Definition von Airport-Cities und dem Vergleich ihrer Merkmale, welche in Tabelle 1 dargestellt sind, werden Ansätze verfolgt, welche die räumlich-strukturierenden Prozesse und Wirkungen der neuen (sub-)urbanen Muster in den Mittelpunkt der Untersuchung rücken. [16]

	Airport-City	Aerotropolis
gebietsmäßige Ausbreitung	Flughafen und in unmittelbarer Nähe befindliche Gebäude	Flughafenfläche und Gebäude und Grundstücke im Umkreis von bis zu 20 km
Angebot an Immobilien und Gewerbefläche	hoch	sehr hoch
Verhältnis Aviation und Non-Aviation Bereich	operationaler Bereich kleiner als Non-Aviation-Bereich	operationaler Bereich deutlich kleiner als Non-Aviation-Bereich
Ausprägung urbaner Strukturen	suburbane bis urbane Strukturen erkennbar	urbane Strukturen deutlich ausgeprägt

Tabelle 1: Überblicksartige Darstellung der Merkmale der Airport-City und Aerotropolis[17]

---

[12] Schaafsma: 2008. S. 71.
[13] Vgl. Schaafsma: 2008. S. 71., Kasarda: 2007. S. 108.
[14] Kasarda: 2007, 2006, 2000.
[15] Kasarda: 2001. S. 44.
[16] Vgl. Sieverts: 2003.
[17] Einig und Schubert: 2008. S. 102 f., Kasarda: 2001. S. 44 f., eigene Darstellung.

2.2. Flughäfen als Zugänge zum Netzwerk der globalen Ökonomie

2.2.1. Die globale Netzwerkgesellschaft und "global cities"

Mit Aufkommen der Globalisierung und Internationalisierung sowie der Entstehung der Wissensökonomie sind gleichzeitig neue Muster in der Entwicklung wirtschaftlicher, sozialer und kultureller Räume beobachtbar. Einige Autoren beschreiben ebenso den organisationtheoretischen Perspektivwechsel vom Fordismus zum Postfordismus als ausschlaggebend.[18] Gleichwohl steht bei beiden Erklärungsansätzen der neuen Entwicklungsmuster der Einfluss und die Auswirkung transnationaler Ströme zwischen verschiedenen multiskalaren Räumen, das heißt Räume in denen verschiedene geographische Dimensionen integriert betrachtet werden, im Fokus. Diesem Ansatz folgend, beschreibt Manuel Castells die globale Ökonomie als eine Verflechtung globaler Städten und Metropolen, bei denen diese nicht als Orte, sondern als Prozesse aufzufassen sind.[19] Die Stadt als Prozess wirkt demnach als globale Netzwerkverbindung der Produktions- und Konsumzentren hochmoderner Dienstleistungen, wobei die innerhalb des Netzwerkes fließende Ströme als Informations-, Technologie- oder Kapitalflüsse identifiziert werden und die Stadt diese selbst kreiert und modifiziert.[20] In Übereinstimmung mit Castells führt Saskia Sassen weiter aus, dass „global cities" in ihrer historischen Genese als zentrale Handels- und Finanzstandorte neue Aufgaben in der Organisation und Kontrolle der Weltwirtschaft wahrnehmen. Infolgedessen gelten diese Städte als wirtschaftsgeographisch wichtige Standorte für spezielle Dienstleistungsunternehmen beispielsweise der Finanz-, Consulting- oder Versicherungsbranche. Ferner nehmen „global cities" eine besondere Bedeutung als Produktionsorte der hochmodernen Industrie ein.[21] Vernetzte Städte nehmen diese Rolle jedoch in unterschiedlichen Dimensionen wahr. Einige erfüllen alle Merkmale der "global cities", andere zeigen diese nur teilweise. Die Einführung einer weiterführenden Hierarchie gibt Aufschluss über die jeweilige Einordnung der Städte in das Muster der "global cities". Verschiedene Untersuchung des Globalization and World Cities Research Institute liefern hierfür umfangreiche Daten, beispielsweise über die Ansiedlung internationaler Dienstleistungsunternehmen und ihrer internen als auch externen Verbindungen, die die Differenzierung mehrere Städte hinsichtlich ihrer globalen Bedeutung möglich machen. Durch die hierarchische Erweiterung der Liste der führenden „global cities" (New York, Hong Kong, Tokyo, London) ist nun ebenso die Betrachtung der Netzwerkströme vieler europäischer Städte wie beispielsweise Berlin oder Frankfurt möglich. Allerdings ist zu beachten, dass eine Reduzierung der Städte auf ihre Eigenschaft als Knotenpunkte der von Castells formulierten Ströme im internationalen Netzwerk, welche die urbanen Strukturen formen und beeinflussen, problematisch ist. Die Untersuchung der Städte muss zwangsläufig weiter greifen und die internen Prozesse sowie

[18] Vgl. Conventz und Thierstein: 2015.
[19] Castells: 2003. S. 441.
[20] Castells: 2003. S. 467.
[21] Sassen: 2001. S. 3.

die wirtschaftlichen, sozialen und kulturellen Beziehungen inklusive ihrer reziproken Auswirkungen auf die in und durch die Stadt fließenden Ströme betrachten. Dies wird notwendig, um schließlich die Einheit zwischen ortsinternen Prozessen und ortsexternen Strömen zu wahren. Letztlich führen die globale Vernetzung der Wirtschaft, die steigendende Häufigkeit und Intensität der Wissens-, Technologie- und Kapitalströme sowie die zunehmende Mobilität wirtschaftlicher und politischer Entscheidungsträger zu einer stetig wachsenden Bedeutung der Flughäfen, welche als zentrale Knotenpunkte innerhalb der weltweiten Netzwerke auftreten.[22] Diese Wichtigkeit resultiert unter anderem aus dem Charakter der Flughäfen, als Gateways der globalen Ökonomie zu fungieren und somit Personen und Frachtgut zu ermöglichen, sich innerhalb der globalen Vernetzung von Regionen, Städten und Metropolen, in kurzer Zeit fortzubewegen.

2.2.2. Flughäfen als Zugänge zur metropolitanen Ökonomie

Die unter Flughäfen bestehenden (Flug-)Verbindungen können demnach als Abbild der zwischen den Städten und Metropolen fließenden Ströme interpretiert werden, da häufig Geschäftsreisen „entlang" dieser Ströme beobachtbar sind. Aus der Dichte und Reichweite des Flugnetzes lässt sich die Attraktivität des Standortes für transnational agierende Dienstleistungsunternehmen ableiten, da diese auf schnelle Verbindungen zwischen wirtschaftlich und informationell vernetzten Zentren angewiesen sind.[23] Neben ihrer Funktion als Transporttore innerhalb des Netzwerkes, tragen Flughäfen zum Anschluss räumlich distanzierter Regionen und Städten an das weltweite Netzwerk bei und nehmen so die „glokale" Funktion wahr.[24] Demnach bilden Airports eine Schnittstelle zwischen den globalen Verbindungen und ihren lokalen Umgebungen und fördern so die globale Integration dieser. In engem Zusammenhang mit der Gatewayfunktion und der „glokalen" Funktion steht die Aufgabe der Flughäfen als intermodale Verkehrsknoten. Airports sollen einen möglichst einfachen Wechsel der Verkehrsmittel von Flugzeug zu Bahn, Bus oder Automobil gestatten. Demnach sind gute Anbindungen des Flugbetriebes an den Schienenverkehr sowie die Anbindung an das Straßenverkehrsnetz unerlässlich.

Die Fortentwicklung der Wissensökonomie und globalen Ökonomie führt in Bezug auf die Entwicklung des Flughafens und seiner Erscheinung zu einem Wandel der räumlichen Strukturierung der Flughafenumgebung. Rückgreifend auf die hierarchischen Unterschiede zwischen den Städten, sieht Castells stärkere Entwicklungen an Flughäfen in wirtschaftlich wichtigeren urbanen Räumen.[25] Anschließend an Castells These konkretisieren eine Reihe von Autoren die Aussage dahingehend, dass bei der Standortwahl von Dienstleistungsunternehmen

---

²² Conventz und Thierstein: 2015. S. 132.
²³ Knapp: 2013. S. 33.
²⁴ Vgl. Short: 2004. S. 72.
²⁵ Castells: 2003. S. 458.

nicht mehr allein der Ort, sondern vielmehr die Möglichkeit des Zugangs zum transnationalen Wirtschaftsnetzwerk entscheidend ist.[26] Dies führt zu einer mutuellen Beziehung zwischen dem urbanen Raum und der Airport-City.

2.3. Methodik der Bestimmung der Ausprägung ausgewählter Entwicklungsfaktoren der Airport-Cities

Die Entstehung und Ausbreitung der Airport-Cities lassen sich basierend auf den in Kapitel 3 dieser Arbeit theoretisch hergeleiteten Entwicklungsfaktoren dieser Phänomene erklären. Um den Entwicklungsfortschritt der Airport-Cities anhand ausgewählter Beispiele aufzuzeigen, gilt es die Ausprägung der einzelnen Faktoren am jeweiligen Standort zu untersuchen. Dies geschieht mit Hilfe einer quantitativen Analyse der herausgearbeiteten Faktoren, wobei diese den drei Teilaspekten — Netzwerkzugang, Flächenangebot und intermodaler Charakter — des Airports zugeordnet werden.[27] Die Ergebnisse der Analyse werden mittels einer Skala von eins bis zehn dargestellt, wobei zehn Punkte das beste Resultat ergibt. Je nach Realisierung der definierten Determinanten und letztlich den drei Kernfunktionen lassen sich Rückschlüsse auf die Ausprägung oder Entwicklungsmöglichkeiten der Airport-Cities ziehen. Die Bewertung erfolgt zumeist im Vergleich der Faktoren der jeweiligen Flughäfen. Alle Faktoren werden zusätzlich prozentual hinsichtlich ihrer Wichtigkeit bewertet, um eine realistische Gesamteinschätzung geben zu können.[28] Gleichzeitig ist es anhand dieser Methode möglich, aufzuzeigen, in welchen Bereichen Nachteile vorhanden sind und so das Entstehen beziehungsweise Fortentwickeln der jeweiligen Airport-City hemmen. Erforderliche Daten werden dabei von verschiedenen Forschungsinstituten bereitgestellt oder werden aus den Geschäftsberichten der Airports entnommen. Um die Perspektiven als auch Hindernisse am Beispiel des Flughafens Berlin-Brandenburg International zu verdeutlichen, werden hier die Entwicklungsstatus mit den Werten des Flughafens Frankfurt International respektive seiner bereits entwickelten Airport-City verglichen.

3. Entwicklungsfaktoren der Airport-Cities

Grundlegend werden Flughäfen ihrer Funktion als Knotenpunkte im Netzwerk der globalen Ökonomie unter Berücksichtigung der Theorie der Netzwerkgesellschaft in Kombination mit der Betrachtung der Vorzüge aus schnelleren Zugangsmöglichkeiten zum Netzwerk in drei Dimensionen gerecht.[29] Erstens wirken Airports als feste materielle Gateways in das durch Ströme definierte Netzwerk der globalen Ökonomie. Das heißt, sie sind Zugänge innerhalb des globalen Netzwerks, indem sie die schnelle Fortbewegung über weite Distanzen und folglich die

---

[26] Vgl. Kujath, Pauli und Stein: 2008. S. 14 f., Hennig: 2014. S. 635.
[27] Vgl. Kapitel 3 dieser Arbeit.
[28] Eine vollständige Übersicht über die Bewertungsmatrix ist in Anhang 1 zu finden.
[29] Vgl. Kapitel 2.2.2. dieser Arbeit.

Intensivierung der face-to-face Kommunikation realisieren. Zudem dienen Airports als Förderer der Integration ihrer Umgebungen in das planetarische Wirtschaftsnetzwerk, indem sie ihre umliegenden Gebiete mit Regionen anderer Flughäfen verbinden und so einen Austausch zwischen den physisch distanzierten Räumen ermöglichen. Dies kann auch als „glokale" Funktion bezeichnet werden. Schlussendlich werden sie ihrer Bestimmung als intermodale Verbindungspunkte, also der Wirkung als Verkehrsknotenpunkt zwischen Flugverkehr, Schienen- und Automobilverkehr, gerecht. Aufbauend auf diesen drei Teilaspekten, lassen sich Entwicklungsfaktoren für Airport-Cities herleiten.

3.1. Die Entwicklungsfaktoren in Verbindung mit der Gatewayfunktion des Flughafens

Die Funktion der Flughäfen als Gateway in das weltweite Wirtschaftsnetz wird durch mehrere Eigenschaften charakterisiert. Zuerst ist die Beschaffenheit des Zugangs durch direkt angeflogene Destinationen sowie die Häufigkeit der Flüge definiert. Dabei handelt es sich zumeist um wichtige Politik- und Wirtschaftszentren, das heißt bedeutende Knotenpunkte im globalen Ökonomienetz. Flughäfen als Standorte sind besonders von unternehmerischem Interesse, wenn wichtige Ziele täglich angeflogen werden.[30] Dies rührt vor allem von der erhöhten Mobilität, auf welche moderne Dienstleistungsunternehmen angewiesen sind. Zudem ist es für die Entwicklung der Airport-City vorteilhaft, wenn der Flughafen als Hub[31] einer Airline oder einer Airline-Allianz dient[32] und so den Knotenpunkt zwischen Zuliefererflügen und Direktverbindungen darstellt, da eine gute Konnektivität ein weiteres Mal die Attraktivität als Wirtschaftsstandort fördert. Weiterhin ist ein möglichst lückenloser Flugbetrieb für potentielle Firmen der Airport-City von großer Bedeutung, um gegebenenfalls flexibel mit einem Charter- oder Geschäftsflugzeug reisen können.
Die Ausprägung der Gatewayfunktion ist folglich von drei Faktoren abhängig, dem allgemeinen transnationalen Flugnetz, der Einrichtung eines Hubs, der Häufigkeit durchgeführter Direktflüge zu wirtschaftlich wichtigen Destinationen sowie der grundlegenden Kontinuität des Flugbetriebes.

3.2. Die Entwicklungsfaktoren in Verbindung mit den Zugangsvorteilen des Flughafens

Neben der Ausprägung des Netzwerkzugangs durch den Flughafen spielt das Platzangebot an Büroflächen im unmittelbaren Terminalumfeld sowie die Qualität der angebotenen Flächen eine konstitutive Rolle. Zum einen sind Dienstleistungsunternehmen auf vorhandene Büroflächen angewiesen, zum anderen präferieren sie aufgrund ihres meist exklusiven Markenbildes besonders hochwertige Immobilien. Folglich engagieren Flughafenbetreiber oft renommierte Architekten für die Gestaltung ihrer Büro- und Geschäftsbauten.[33] Nebst den schon vorhandenen Büroflächen ist

---

[30] Morphet und Bottini: 2014. S. 12.
[31] Große Hubs in Europa befinden sich in Amsterdam, London (Heathrow), Frankfurt und Madrid.
[32] Schubert und Conventz: 2011. S. 24.
[33] Hennig: 2014. S. 635.

ein ausreichendes Angebot an weiteren Grundstücksflächen zur Ausdehnung der Airport-City und Ansiedlung von neuen Unternehmen wichtig. Förderlich für den Standort „Flughafen" ist darüber hinaus die Möglichkeit der Erweiterung der Agglomeration in Form eines Airport-Corridors. Dieser Verläuft entlang einer Verbindung zwischen dem Stadtzentrum beziehungsweise dem Geschäftsviertel und dem Flughafen. [34] Ferner steht die Nachfrage nach Immobilen und Grundstücken in engem Zusammenhang mit den Preisen jener Angebote. Immobilienpreise in Flughafenumgebung tendieren dazu, diese der innerstädtischen Geschäftsviertel zu überholen, wodurch die Attraktivität der Airport-City sinkt.[35] ° Einhergehend mit der Ansiedlung von Firmen in der Airport-City ist ebenso entscheidend, ob es für potentielle Nachzügler positive oder negative Folgen einer Niederlassung haben könnte. Profitieren verschiedene Firmen des Informations- und Technologiebereichs teilweise voneinander, so stellt sich bei der Ansiedlung mehrerer Unternehmen des Hotel- und Gastronomiebereichs ab einer bestimmten Entwicklungsstufe eine nachteilige Wirkung durch den auftretenden Wettbewerb ein. Neben Angebot, Qualität und Preis der Immobilien sind gleichermaßen korrelierende Faktoren, wie die Beschaffenheit von Erholungsorten, die Fortbewegungsmöglichkeit zu Fuß oder die Intensität der Lärm und Schmutzbelastung von Bedeutung. Unternehmen mit vorrangig hochqualifizierten Angestellten müssen neben den wirtschaftlichen Vorteilen der Flughafennähe, gleichermaßen die Nachteile aufgrund eines schlechteren Arbeits- und Büroumfeldes in Betracht ziehen. Dies unterstreicht die Notwendigkeit schneller, einfacher Verbindungen zwischen Büro und Terminal sowie hochwertige Erholungsorte.

3.3. Die Entwicklungsfaktoren in Verbindung mit dem intermodalen Charakter und der „glokalen" Funktion des Flughafens

Die Anbindung des Flughafens bzw. der Airport-City an den Schienennah- und -fernverkehr sowie an das Straßenverkehrsnetz spielt ebenso eine bedeutende Rolle, da der intermodale Charakter des Airports eng mit seiner „glokalen" Funktion - also der Verbindung von globalem Netzwerk mit der lokalen Region zusammenhängt. Unternehmer und Reisende sind gleichermaßen auf den Verkehrsanschluss des Luftbetriebes an die Fortbewegungsmittel auf dem Boden angewiesen. Somit gilt zum einen die Anbindung an den Fernverkehr und folglich die Existenz eines Fernverkehrsbahnhofs als bedeutend, zum anderen besteht die Notwendigkeit eines schnellen und möglichst direkten Nahverkehrsanschlusses an wichtige Städte in naher bis mittlerer Umgebung des Flughafens. Dies resultiert aus dem Bedarf der Mitarbeiter der Dienstleistungsunternehmen nicht nur häufig größere Distanzen mittels Luftverkehr zurückzulegen, sondern ebenso landseitig schnell Kunden oder Geschäftspartner erreichen zu können. Der Charakter der Anbindung konstituiert sich

---

[34] Der Airport-Corridor entsteht zumeist bei einer bereits gut ausgebauten Airport-City.
[35] Conventz: 2009. S. 63.

vor allem aus der Anzahl erreichbarer Ziele und der Frequenz abfahrender Züge je Ziel. Abschließend ist die intermodale Struktur durch die Betrachtung der Anbindung an das Straßenverkehrsnetz sowie der Autofreundlichkeit des Flughafengeländes zu charakterisieren. Notwendig ist ein ausgezeichneter Anschluss an Schnellstraßen und Autobahnen. Insbesondere sollte dieser die einfache Erreichbarkeit des Flughafens aus allen umliegenden Richtungen ermöglichen. Weiterhin sind innovative Parklösungen für Reisende, Geschäftspartner, Angestellte sowie Besucher äußerst wichtig, welche gleichermaßen den Zugang zu Büro- und Geschäftsgebäuden und Dienstleistungseinrichtungen, wie Hotels, als auch die schnelle Erreichbarkeit der Terminals gewährleisten. Dabei gilt es bei der Planung der Airport-Cities respektive ihrer Komplexe insbesondere auf die Fußgänger- und Gepäckfreundlichkeit zu achten.

Des Weiteren sind wichtige Entwicklungsfaktoren in der regionalen Governance, dem Kontakt und der Kommunikation mit Nachbarn des Flughafens sowie im Umweltmanagement zu sehen. Hierbei spielen die Reduzierung der Lärm- und Abgasemissionen, als auch die nachhaltige Entwicklung des Flughafens beziehungsweise der Airport-City eine wichtige Rolle.

4. Ausprägung der Entwicklungsfaktoren an den Flughäfen Berlin-Brandenburg International und Frankfurt International

Bezugnehmend auf die abgeleiteten Entwicklungsfaktoren der Airport-Cities wird im Folgenden die jeweilige Ausprägung der einzelnen Bedingungen überprüft. Besonders geeignet ist dafür der Vergleich einer bereits entwickelten Airport-City, wie dieser am Flughafen Frankfurt International,[36] mit den Strukturen und Gegebenheiten am gewünschten Untersuchungsobjekt, hier dem Flughafen Berlin-Brandenburg International.

Der Flughafen Berlin-Brandenburg International oder auch Willy-Brandt-Airport Berlin befindet sich bisher noch im Bau und wird voraussichtlich Ende 2017 eröffnet. Dieser Flughafen soll die bisherigen beiden Airports Berlin-Tegel und Berlin-Schönefeld ersetzen und gleichermaßen zur Ansiedlung einer Airport-City in Hauptstadtnähe beitragen. Alle bisherigen Flugverbindungen von und in die größte Stadt der Bundesrepublik Deutschland sollen optimiert an den Willy-Brandt-Airport verlegt werden, wodurch sich eine nahezu parallele Betrachtungsweise des Luftverkehrs der bisherigen Flughäfen und des künftigen Airports durchführen lässt.

Der Flughafen Frankfurt International oder auch Fraport weißt ein Passagieraufkommen von über 50 Millionen Passagieren pro Jahr auf. Damit zählt dieser zu den größten Flughäfen Europas. Zudem kann am Flughafen Frankfurt International eine ausgeprägte Airport City beobachtet werden, die sich in mehrere Gebäude und geplante Büroparks unterteilt, und folglich eine suburbane Struktur ergibt. Als bisher realisierte Projekte sind unter anderem die "Gateway Gardens", "The

---

[36] Schubert und Conventz: 2011. S. 20., Hennig: 2014. S. 635.

Squaire" oder das "Areal 16" zu nennen. Neben einer Reihe von Frachtunternehmen siedeln sich ebenso Hotels und andere dienstleistungsbezogene Unternehmen in den verschiedenen Gebäuden der Frankfurter Airport-City an. Beispielsweise konnten die Wirtschaftsprüfungsgesellschaft KPMG sowie die Hotelkette Hilton Hotels in den vergangenen Jahren als Mieter gewonnen werden.[37]

4.1. Die Auspärgung der Entwicklungsfaktoren im Zusammenhang mit der Gatewayfunktion des Flughafens

Zu Beginn ist die Ausprägung der Gatewayfunktion eines Flughafens in das globale Wirtschaftsnetzwerk durch die Anzahl der direkt angeflogenen Ziele von Bedeutung. Diese Ziele sind mit den führenden "Global Cities" abzugleichen und dahingehend zu konkretisieren.

Bezugnehmend auf diesen Faktor lässt sich bei den betrachteten Flughäfen feststellen, dass der Flughafen Frankfurt eine weit größere Anzahl an Global Cities anfliegt als der Flughafen Berlin Brandenburg International. Eine vergleichende Übersicht ist in Abbildung 1 dargestellt, welche über die Anzahl der Direktflüge zu den 25 führenden World Cities[38] Auskunft gibt. Beispielhaft für die vorteilhafte Ausprägung dieses Entwicklungsfaktors am Flughafen Frankfurt stehen die Direktverbindung in große Wirtschaftszentren der USA, wie Los Angeles, Chicago oder New York. Darüber hinaus bestehen direkte Verbindungen zu wirtschaftlich und politisch bedeutenden Städten

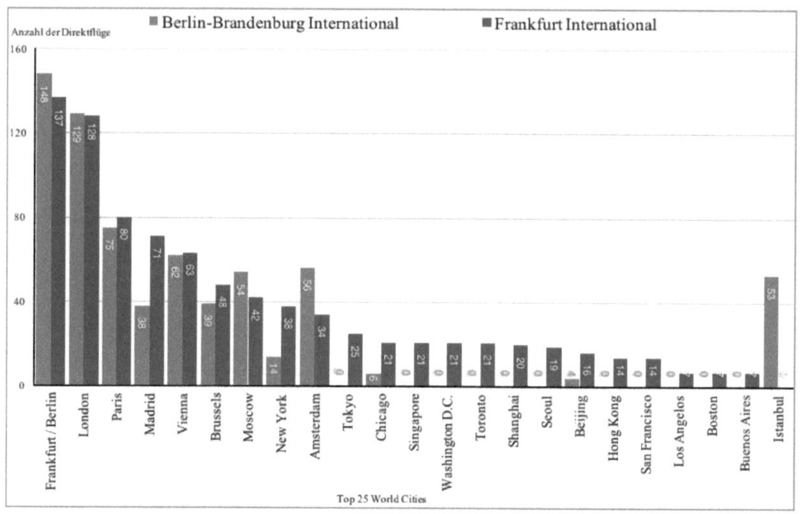

Abbildung 1: Anzahl der Direktflüge von Frankfurt und Berlin zu den Top 25 World Cities[38]

---

[37] Gansneder: 2007. S. 12.
[38] Index der Top25 World Cities nach A.T. Kearney Incorporated: 2016. S. 2.
[38] Flughafen Berlin-Brandenburg GmbH: 2015., eigene Erhebung, eigene Darstellung.

Asiens, repräsentiert durch Tokyo, Hong Kong oder Shanghai. Aus der starken Ausprägung von Langstreckenflügen am Flughafen Frankfurt International resultiert eine gesteigerte Attraktivität dieses Standortes für Unternehmen des Dienstleistungs- und Frachtsektors. Der Flughafen Berlin-Brandenburg International bietet dagegen nur wenige Flüge in die USA und keine Direktverbindungen zu asiatischen Wirtschaftszentren an. Insgesamt bietet der Flughafen Frankfurt International zu 96% der technisch erreichbaren Global Cities[39] direkte Verbindungen an. Der Flughafen Berlin-Brandenburg International realisiert die möglichen Direktverbindungen nur zu 50%. Ferner verlassen Flugzeuge Frankfurt mit dem Ziel, eine der Global Cities zu erreichen 56% häufiger. Folglich erhält der Flughafen Frankfurt International eine deutlich höhere Bewertung, die sich aus der Betrachtung der Ziele und Flughäufigkeiten ergibt und bei zehn von zehn Punkten liegt. Der Willy-Brandt-Airport in Berlin bekommt aufgrund der Hälfte der möglichen Flugziele sowie der niedrigeren Flughäufigkeit vier der zehn Punkte.

Neben der Betrachtung der Direktverbindungen basiert die Gatewayfunktion nachfolgend auf der Einrichtung eines Hubs einer Airline beziehungsweise einer Flugallianz am betreffenden Flughafen. Aus der nachfolgenden Tabelle 2 ergibt sich, dass der Flughafen Frankfurt International das Drehkreuz der Star Alliance Flotte und besonders der Deutschen Lufthansa AG ist. Bezugnehmend auf das Global Hub Connectivity Ranking 2016 liegt Frankfurt im europäischen Vergleich auf dem ersten Platz.[40] Am Airport Berlin-Brandenburg International führte AirBerlin und somit die OneWorld Allianz ein Hub ein, welcher allerdings kleiner und weniger frequentiert ist, als der Knotenpunkt in Frankfurt am Main. Dies ergibt sich aus der generell geringeren Flottenstärke und Flughäufigkeit der ansässigen AirBerlin AG. Basierend auf der gleichen Erhebung erreicht der Berliner Flughafen bei aufsummierter Hubaktivität (Summe der Hubaktivitäten der Flughäfen Berlin-Tegel und Berlin-Schönefeld) den 26. Platz.

	Berlin-Brandenburg International	Frankfurt International
Star Alliance	**nein**	**ja**, repräsentiert durch Lufthansa, Lufthansa City Line, Lufthansa Cargo, Aerologic und Condor
OneWorld	**ja**, repräsentiert durch AirBerlin	**nein**
Skyteam	**nein**	**nein**

Tabelle 2: Überblick über die eingerichteten Hubs am Flughafen Berlin und Frankfurt[41]

Resultierend aus der Einrichtung der Hubs an den betreffenden Flughäfen und ihren Unterschieden hinsichtlich Größe und Flugfrequenz ergibt sich eine Punktzahl für den Flughafen Frankfurt International von zehn Punkten, wobei der Willy-Brandt-Airport sechs der maximal erreichbaren Punkte erreicht. Letztlich beruht die Ausprägung der Gatewayfunktion ebenso auf der Möglichkeit eines kontinuierlichen Flugbetriebes, der ohne beziehungsweise mit kleinstmöglichen

---

[39] Die Flughäfen Melbourne und Sydney sind mit keinem Flugzeug aus Deutschland direkt zu erreichen.
[40] Airports Council International Europe: 2016. S. 19.
[41] Fraport AG: 2015. S. 28., oneworld Alliance LLC: 2017., eigene Darstellung.

Betriebspausen funktioniert. Am Flughafen Frankfurt International herrscht eine Betriebspause von 23:00 bis 5:00 Uhr. Der Willy-Brandt-Airport wird eine ähnlich lange Betriebspause von 23:00 Uhr bis 6:00 Uhr einführen. Dadurch ergibt sich eine Punktzahl von sechs Punkten für den Flughafen Frankfurt und fünf Punkten für den Flughafen Berlin-Brandenburg.[42]

4.2. Die Ausprägung der Entwicklungsfaktoren im Zusammenhang mit den Zugangsvorteilen am Flughafen

Die Entwicklung einer Airport-City hängt neben der Ausprägung der Gatewayfunktion des Flughafens ebenso von der Niederlassung verschiedener Unternehmen ab. Die korrelierenden Faktoren sind im Angebot an Büroflächen, der Qualität dieser, möglicher Ausdehnungsflächen, dem Preis der Geschäftsflächen, den direkten Zugangsmöglichkeiten zum Terminal sowie etwaigen Wissens- und Technologietransfers zu finden. Bei der Betrachtung der bereits existierenden und fest geplanten Büroflächen fällt abermals auf, dass der Flughafen Frankfurt International eine weitestgehend entwickelte Airport-City beheimatet und der Flughafen Berlin-Brandenburg noch Entwicklungspotential besitzt. Insgesamt weisen die Bürogebäude eine Bruttogeschossfläche von 932.900 Quadratmeter in Frankfurt und 210.000 Quadratmetern in Berlin auf. Anhand dieses Vergleiches in Abbildung 2 zeigt sich erneut eine geringere Ausprägung dieses Faktors am Berliner Flughafen, da allein die Entwicklungsstruktur „Gateway Gardens" dreimal mehr Platz bietet als die Airport-City am Willy-Brandt-Flughafen. Jedoch muss die Gestaltung der Airport-City langfristig geplant und forciert werden, da ein alleiniger Ausbau der Büroflächen nicht genügt. Neben dem reinen Angebot müssen ebenso Marketing- und Finanzierungsmaßnahmen implementiert werden,

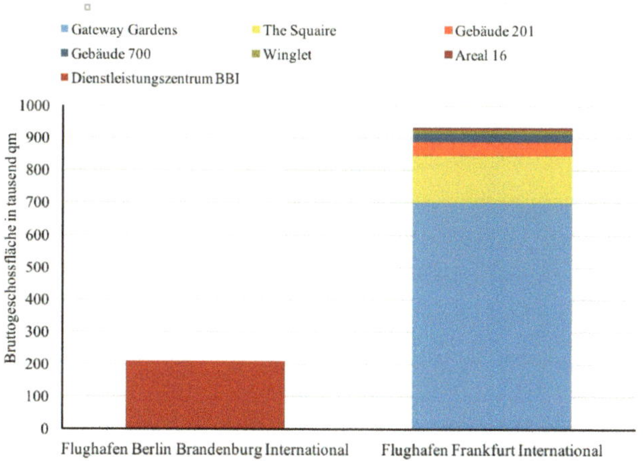

Abbildung 2: Realisierte Bruttogeschossfläche zur Büro- und Geschäftseinrichtung [43]

---

[42] Die absoluten Zahlenwerte sind bei diesem Entwicklungsfaktor zweitrangig.
[43] Fraport AG: 2016, Flughafen Berlin-Brandenburg GmbH: 2016a., eigene Darstellung.

um freie Flächen an Firmen zu vermieten. Trotz der Unterschiede ist beiden Flughäfen eine hohe Punktzahl von neun Punkten für den Frankfurter Flughafen und acht Punkten für den Berliner Airport zu attestieren, da sie in ihrem jeweiligen Entwicklungsstatus genügend Fläche für ansiedlungswillige Unternehmen bieten. Die volle Punktzahl erreichen beide jedoch nicht, da die Nachfrage geringfügig zu niedrig ist und damit die Ausbaugeschwindigkeit der jeweiligen Airport-Cities nicht optimal verläuft. Die Qualität der angebotenen Flächen und damit ihre Attraktivität spiegelt sich in ihrer Modernität, Architektur, Ausstattung und Praktikabilität wider. Neben der Betrachtung der Gebäude ist es notwendig, die umliegenden Flächen zu evaluieren. Dies folgt aus der Erkenntnis, dass Work-Life-Balance und ansprechende Umgebungen für hoch qualifiziertes Personal von besonderer Bedeutung ist. Die Gebäude in der Airport-City des Flughafens Frankfurt am Main unterscheiden sich hinsichtlich dieser Faktoren deutlich. Die Betrachtung neuerer Strukturen, wie den „Gateway Gardens" oder „The Squaire" zeigt eine nachhaltige und ausgeglichene Architektur und Planung hinsichtlich Umgebung und Freizeitangeboten, welche Mitarbeiter nach der Arbeit nachgehen können. Jedoch bieten ältere Gebäude wie das Gebäude 201 diesen Komfort nicht. Der Flughafen Berlin-Brandenburg sichert durch seine allgemeine Modernität die Aktualität umgebender Bürogebäude. Bei der Planung des Dienstleistungskomplexes am Willy-Brandt-Airport wurden neueste Erkenntnisse aus der Architektur angewandt und besonders auf ein nachhaltiges Umfeld geachtet. Die Qualität der Büroflächen lässt sich im Allgemeinen mit acht Punkten für den Fraport und neun Punkten für den BBI bewerten. Ebenso bieten beide Flughäfen eine gute Möglichkeit der Erweiterung ihrer Airport-Cities. Der Flughafen Frankfurt fokussiert sich dabei vor allem auf die Ansiedlung neuer Unternehmen im Bereich des Terminal 3, welches 2021 in Betrieb genommen werden soll, sowie auf den Ausbau des Mönchhof-Geländes. Die Lage des Berliner Flughafens macht es ebenfalls möglich, weiterhin große Büroflächen zu erschließen und dabei die Airport-City auszudehnen. Beide Städte offerieren die Möglichkeit der Ausbildung von Airport-Corridors entlang der Verbindung zwischen Flughafen und Stadtzentrum beziehungsweise Geschäftsviertel. Dieser kann jeweils entlang der Verbindungsstrecken zwischen Frankfurt und Airport, das heißt der Autobahn 3 oder Autobahn 5 entstehen. Am Berliner Flughafen besteht die Möglichkeit des Ausbaus entlang der Autobahn 113, 117 und der Bundesstraße 96. Resultierend aus den guten Entwicklungspotentialen erhalten die betrachteten Flughäfen jeweils zehn Punkte.[44]

Die Evaluierung der Flächenpreise muss hinsichtlich der Bürostandorte und ihrer Qualität differenziert werden. Am Frankfurter Flughafen ist eine Unterscheidung von drei verschiedenen Bürogebieten möglich. Zu allererst besteht die Möglichkeit, Büroflächen direkt am Terminalgebäude sowie in der CargoCity Süd anzumieten. Diese befinden sich vor allem in älteren

---

[44] Eine Betrachtung der regionalen Governance fließt in diese Bewertung nicht ein, da der Umfang dieser Evaluierung im Rahmen dieser Arbeit zu komplex ist.

Bestandsobjekten, weswegen ihr Preis pro Quadratmeter in einer Spanne von 12€ bis 30€ liegt. Den Spitzenpreis von 30€ erreicht „The Squaire", ein architektonisch hochwertiges und modern ausgestattetes Gebäude. Ferner sind im neu gestalteten Areal „Gateway Gardens" Bürogebäude zu Preisen zwischen 17€ und 22€ pro Quadratmeter mietbar. Dieses zeigt ähnliche Qualitäten wie „The Squaire" und wird zudem stetig weiterentwickelt. [45] Im Gegensatz dazu liegen die Quadratmeterpreise für Büroflächen im Frankfurter Bankenviertel zwischen 17€ und 38€. Die Situation in Berlin ist aufgrund der weniger beziehungsweise nicht ausgeprägten Airport-City leichter zu beurteilen, da sich hier nur ein Dienstleistungszentrum befindet, welches die Basis für die Entwicklung der Airport-City am Willy-Brandt-Airport darstellt. Die Mietpreise in Berlin sind vergleichsweise niedrig. Büroflächen am Flughafen kosten zwischen 15€ und neun Euro pro Quadratmeter. Innerstädtische Geschäftsbezirke sind vor allem um den Potsdamer Platz/Leipziger Platz, in der "Mediaspree", einem Gebiet im östlichen Randgebiet der Stadt, sowie im Bereich der Friedrichstraße zu finden. Die Preise pro Quadratmeter liegen in allen Gebieten zwischen 17,50€ und 26,50€ und damit über dem derzeitigen Spitzenpreis am neuen Willy-Brandt-Airport.[46] Folglich ergibt sich aus der Betrachtung der Mietpreise in beiden Städten eine sehr attraktive Ausgangslage. In Frankfurt liegen die Preise aufgrund der höheren Nachfrage nach Büroflächen im Allgemeinen höher als in Berlin, jedoch sind die innerstädtischen Geschäftsviertel durchschnittlich teurer als die Airport-Cities. Bei der Evaluierung der Preise um den Willy-Brandt-Flughafen ist zu beachten, dass dieser bisher nicht in Betrieb ist und somit seine Funktion als Gateway noch nicht wahrnimmt. Mit Inbetriebnahme und daraus resultierender Attraktivitätssteigerung werden die Preise in der wachsenden Airport-City steigen. Trotz dessen ist beiden Airports eine exzellente Bewertung zu erteilen, da die Preise unter denen ihrer innerstädtischen Geschäftsviertel liegen und die Airport-City für entsprechende Unternehmen somit attraktiv wird respektive bleibt.

Zu den bisher betrachteten Entwicklungsfaktoren ist ebenso die Möglichkeit von Wissenstransfers innerhalb der Airport-Cities beziehungsweise den dort angesiedelten Unternehmen zu fokussieren. Aufgrund der schweren Messbarkeit und der Komplexität hinsichtlich der Wissens- und Technologietransfers können im Folgenden nur allgemeinere Aussagen getroffen werden. Empirisch bestätigt ist, dass in den Gebieten um internationale Verkehrsflughäfen eine höhere Patentdichte vorherrscht, als in anderen städtischen Gebieten.[47] Folglich werden sich Unternehmen in Airport-Cities ansiedeln, die zum einen von der Gatewayfunktion als auch von anderen Unternehmen und möglichen Wissenstransfers profitieren. An beiden betrachteten Airports lassen sich dahingehend etwaige Vorteile für neue und bereits angesiedelte Unternehmen ableiten. Jedoch ist es von Bedeutung, die Vorteile aus Wissenstranfers nicht initial, sondern als Prozess aus

---

[45] Frankfurt Economic Development GmbH: 2014. S. 4 ff.
[46] BNP Paribas Real Estate Consult GmbH: 2016. S. 4.
[47] Kramar und Suitner: 2008. S. 92.

Ansiedlungen folgender Begünstigungen zu betrachten, da ohne eine ausreichende Anzahl angesiedelter Unternehmen keine Technologietransfers bestehen. Trotz dieses Umstandes ist dieses Kriterium für die weitere Entwicklung der Airport-Cities von Bedeutung. Eine Bewertung findet hinsichtlich dieses Kriteriums jedoch nicht statt, da hier keine ausreichend fundierte Aussage bezüglich der untersuchten Airports getroffen werden kann.

Ein weiteres Kriterium im Zuge der Bewertung der Zugangsvorteile ist der Zugang vom Geschäftsgebäude oder Büro zum Terminal. Dieser sollte gut und multimodal ausgebaut sein, damit Personen einfach zwischen beiden Standorten gehen oder fahren können. Beiden Flughäfen kann hier ebenfalls eine gute Note erteilt werden, da ihre Airport-Cities gut an die Terminalgebäude angeschlossen sind. Der Flughafen Frankfurt löst diese Aufgabe zum einen durch physische Nähe, wobei entsprechende Distanzen bequem zu Fuß zurückgelegt werden können und zum anderen durch ein geeignetes Park- und Nahverkehrssystem. Beispielsweise ist das Bürogebäude "The Squaire" durch eine Brücke direkt mit dem Terminal 1 verbunden. In andere Terminals gelangen die Personen dann über verschiedene Transportsysteme innerhalb des Flughafens. Zwischen Terminal und Gateway Gardens beziehungsweise dem Mönchhof-Gelände bestehen direkte und gut ausgebaute Verkehrswege. Am Willy-Brandt-Airport ist die derzeitige Airport-City, das heißt das Dienstleistungszentrum direkt an das Terminal angeschlossen, um ein einfaches Wechseln zwischen Büro und Abfertigungs- oder Ankunftshalle zu gewährleisten. Folglich ist beiden Airports eine hohe Punktzahl von zehn Punkten zu erteilen.

4.3. Die Ausprägung der Entwicklungsfaktoren im Zusammenhang mit dem intermodalen Charakter der Flughäfen

Die Bewertung des intermodalen Charakters eines Flughafens beruht auf der Evaluierung der Einbindung des Flughafens in das Schienenfernverkehrsnetz, den Schienennahverkehr sowie den Anschluss an das Autobahn- und Fernstraßennetz.

Die Anbindung an den Schienenfernverkehr setzt einen eigenen Fernverkehrsbahnhof voraus, welcher regelmäßig frequentiert wird. Zudem sollten abfahrende Züge ein weites Feld an unterschiedlichen Destinationen abdecken. Der Flughafen Frankfurt besitzt einen eigenen Fernverkehrsbahnhof, von welchem viele Ziele in der Bundesrepublik angefahren werden können. Beispielsweise sind Städte wie Hamburg, Köln, München, Stuttgart oder Leipzig direkt verbunden. Weiterhin werden internationale Ziele wie Paris oder Amsterdam angefahren. Lediglich die Hauptstadt Berlin ist nicht vom Flughafen Frankfurt ohne Zugwechsel zu erreichen. [48] Bezugnehmend lässt sich für den Flughafen Frankfurt eine sehr gute Wertung von neun Punkten erteilen. Der Hauptstadtflughafen bietet ebenso nationale und internationale Anbindungen mittels

---

[48] Verbindungskarte nach Fraport AG: 2015.

eigenem Fernverkehrsbahnhof. Direkte Verbindungen sind bisher zwischen dem Flughafen und den Städten Hamburg und Hannover, sowie den internationalen Destinationen Amsterdam, Breslau und Krakau geplant.[49] Somit sind viele Richtungen abgedeckt, jedoch zeigt sich deutlich die geringere Ausprägung der Fernverkehrsanbindung des Willy-Brandt-Airports. Folgend aus den feststehenden Verbindungen ist eine Bewertung mit sieben Punkten angemessen.

Neben dem Fernverkehr gilt es ebenso, die Einbindung in das Nahverkehrsnetz zu betrachten. Dies ist von besonderer Bedeutung für Unternehmen, die darauf angewiesen sind, schnell und unkompliziert innerstädtische Geschäftsviertel zu erreichen. Beide Flughäfen verfügen über diverse S- und U-Bahn Linien, welche diese anfahren und einen schnellen Transport in das Stadtzentrum respektive Geschäftsviertel ermöglichen. Konkret wird der Flughafen Frankfurt dabei von zwei S-Bahnlinien und drei Buslinien mit seinem Umland in verschiedenen Direktionen verbunden. Durch den im Allgemeinen stärker ausgebauten Nahverkehr in und um die Hauptstadt ist der Flughafen Berlin durch zwei S-Bahnlinien, drei Regionalbahnen sowie einen Expresszug erreichbar. Damit erhält der Berliner Flughafen zehn Punkte, der Flughafen Frankfurt hingegen neun.

Die Anbindung an das Straßenverkehrsnetz ist gleichermaßen von Bedeutung, da vor allem flexible Geschäftsleute auf das Automobil zurückgreifen, um Termine schnell erreichen zu können. Vom Frankfurter Flughafen aus ist es möglich, über die Bundesautobahnen 3 und 5 sowie über die Schnellstraße 43 diverse Ziele zu erreichen. Der Berliner Flughafen ist durch die Bundesautobahnen 113 und 10 sowie über die Bundesstraße 96a mit seinem Umland vernetzt. Beide Airports sind gut erschlossen und verfügen über eine große Anzahl an Parkplätzen sowie zusätzlichen Bürostellplätzen, wodurch sich eine Bewertung von jeweils zehn Punkten ergibt.

5. Zusammenfassung und Kritik

Unter Berücksichtigung der internationalen Netzwerkgesellschaft und des Konzepts der „global cities", den daraus abgeleiteten Funktionen der Flughäfen und ihren jeweils zugeordneten Entwicklungsfaktoren wird zu allererst deutlich, dass jeweils hohe Ausprägungen der herausgearbeiteten Faktoren zu einem stärkeren Wachstum der Airport-Cities um Terminals führen. Aus der Analyse des Frankfurter Airports und des Berliner Flughafens lässt sich folglich ermitteln, dass je besser die Gatewayfunktion erfüllt wird, desto eher bildet sich eine Agglomeration um die Terminalgebäude aus. Dafür ist eine hohe Anzahl an internationalen Direktflügen zwischen wichtigen „global cities" unerlässlich. Diese verwirklicht der Frankfurter Flughafen als drittgrößter Flughafen Europas und als bestens vernetzter Hub Europas hervorragend. Der Berliner Flughafen kann in diesem Bereich jedoch nicht überzeugen. Infolgedessen sollten Maßnahmen zur Steigerung

---

[49] Flughafen Berlin-Brandenburg GmbH: 2016b.

der Attraktivität für Airlines ergriffen werden, um sich an die neuen Entwicklungen anzupassen und langfristig wettbewerbsfähig zu bleiben.

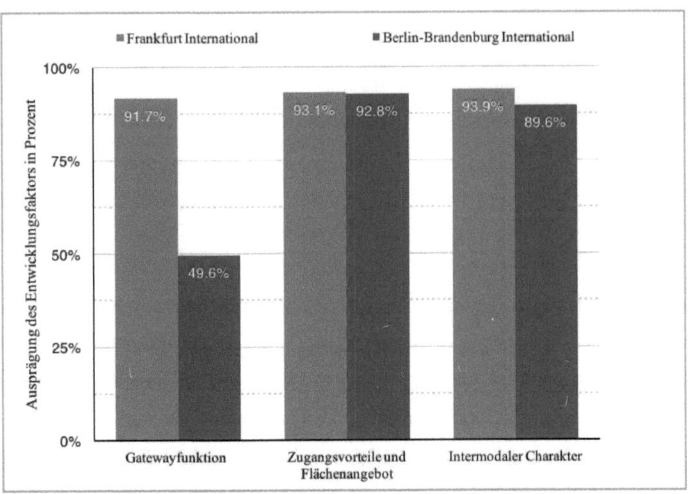

Abbildung 3: Übersicht der Ausprägung untersuchter Entwicklungsfaktoren der Flughäfen Frankfurt International und Berlin-Brandenburg International[50]

Unter Betrachtung der anderen Faktoren fällt auf, dass der Willy-Brandt-Airport ein ausgezeichnetes Potential aufweist und in Relation betrachtet, nur kleine Unterschiede zwischen den Ausprägungen der Entwicklungsfaktoren beider Flughäfen vorhanden sind.[51] Hinsichtlich des Flächenangebots für Bürogebäude und Geschäftsviertel sind bei beiden Flughäfen nur kleine Anpassungen vorzunehmen. Bezüglich des intermodalen Charakters erfreut sich der Flughafen Frankfurt eines hervorragenden Anschlusses. Am Flughafen Berlin-Brandenburg ist besonders die Einrichtung weiterer Fernverkehrsverbindungen zu forcieren.

Jedoch ist eine Betrachtung der einzelnen Entwicklungsfaktoren in ihrem Zusammenhang unerlässlich. Viele Faktoren stehen in einer ständigen gegenseitigen Beeinflussung beziehungsweise müssen in ihrem zeitlichen Ablauf betrachtet werden. Beispielsweise sind die Hubaktivität und die internationalen Direktverbindungen direkt korrelierend. Weiterhin ist die Größe der bisher vorhandenen Büroflächen im zeitlichen Ablauf der Entwicklung des Flugbetriebes zu evaluieren. Ebenso ist eine Berücksichtigung der regionalen Governance essentiell. Diese stellt einen wichtigen Punkt in der Zusammenarbeit des Flughafens mit seinen umliegenden öffentlichen und privaten Nachbarn dar. Ein weiterer kritischer Punkt bei der Analyse ist die Betrachtung des Wettbewerbes. Besonders für den neuen Flughafen in Berlin gilt es Möglichkeiten zu finden, trotz des weitreichenden Angebotes des Frankfurter Flughafens attraktive Verbindungen zu etablieren

---

[50] Daten gemäß der vorhergehenden Evaluierung, eigene Darstellung.
[51] Eine vollständige Übersicht über die Verteilung der Punkte und den errechneten Ergebnissen ist in Anhang 1 dargestellt.

18

und eine ausreichende Nachfrage für diese zu schaffen. Vorteilhaft kann dafür der Status als Hauptstadt und die somit hohe politische Bedeutung sein.

Obwohl der Flughafen die schnelle Fortbewegung von Menschen und Waren ermöglicht, verschiedene Regionen miteinander verbindet und einen wichtigen Wirtschaftsstandort darstellt sowie häufig als großer regionaler Arbeitgeber auftritt, kommt dieser nicht allen zu Gute. Besonders Nachbarsiedlungen leiden unter einer vielfach erhöhten Lärm- und Feinstaubbelastung durch an- und abfliegende Flugzeuge. Dies kann durch Nachtflugverbote und Änderungen der Start- und Landerichtung beeinflusst werden, jedoch besteht eine dahingehende Belastung trotz entlastender Maßnahmen. Zudem wurden beispielsweise Versuche unternommen, der Lärmbelastung durch besondere Konstruktionen auf dem Flugfeld entgegenzuwirken. Dennoch nimmt im Falle des Ausbaus einer Airport-City, dem damit einhergehenden Bedeutungsgewinn des Flughafens und seiner folglich gesteigerten Verkehrsaktivität die Lebensqualität in umliegenden Gebieten ab. Gleichzeitig steigen jedoch die Grundstückpreise in näherer Umgebung aufgrund gesteigerter Nachfrage.[52] Neben Problemen für den menschlichen Alltag, birgt der Flugverkehr gleichwohl Risiken und Gefahren für das natürliche Umland und den darin lebenden Tieren. Nicht nur Vögel sind von den Auswirkungen betroffen, auch am Boden lebende Tiere werden durch Lärm und Schmutz gestört und werden zudem durch den hohen Platzbedarf in ihrem Lebensraum begrenzt. Aus diesen Gründen ist es notwendig möglichst umweltschonende Möglichkeiten des Flugverkehrs zu implementieren und lärmschützende Maßnahmen durchzuführen und vorhandene Konstruktionen weiterzuentwickeln. Zudem besteht die Notwendigkeit der umweltschonenderen Entwicklung seitens der Airlines und Flugzeugproduzenten. Diese sollten möglichst neue Technologien und Flugzeuge einsetzen, um Treibstoff und zugleich auch Abgase einzusparen. So müssen beide Seiten eine nachhaltige Entwicklung forcieren, die durch eine umweltfreundliche und ressourcenschonende Regionalplanung ergänzt wird.

Neben diesen Anforderungen, um einen modernen und langlebigen Wirtschaftsstandort zu schaffen, gilt es auch zu überlegen, an welchen Standorten der Ausbau einer Airport-City fokussiert werden sollte. Dabei gilt es gleichwohl zu beachten, welche Entwicklungen den Flugbetrieb und die Airport-City-Entwicklung zukünftig beeinflussen können.

---

[52] Haimann: 2014.

Anhang 1: Bewertungsmatrix inklusiver Verteilung der Punkte und errechneter Zwischen- und Endergebnisse

Kategorie	Wertung		Wichtung
	Frankfurt International	Berlin-Brandenburg International	
Gatewayfunktion	91.7%	49.6%	80.0%
direkt angeflogene Ziele	10	4	100%
Hubaktivität	10	6	90%
kontinuierlicher Flugbetrieb	6	5	50%
Zugangsvorteile und Flächenangebot	93.1%	92.8%	63.3%
Bürofläche	9	8	80%
Qualität der Bürosubstanz	8	9	70%
Flächenpotential	10	10	70%
Preise bzw. Preisverhältnis	10	10	60%
Wissenstransfers	-	-	60%
Zugang zum Terminal	10	10	40%
Intermodaler Charakter	93.9%	89.6%	76.7%
Fernverkehr	9	7	80%
Nahverkehr	9	10	60%
Straßenverkehr	10	10	90%

6. Bibliographie

6.1. Literatur

A.T. Kearney Incorporated (2016): Global Cities 2016. A.T. Kearney Incorporated.

Airports Council International Europe (2016): Airport Industry Connectivity Report 2016. 26th ACI EUROPE General Assembly, Congress & Exhibition. Athen.

BNP Paribas Real Estate Consult GmbH (2016): Büromarkt Berlin - City Report 2016. Berlin: BNP Paribas Real Estate Consult GmbH.

Castells (2003): Der Aufstieg der Netzwerkgesellschaft - Teil 1 der Triologie: Das Informationszeitalter. Opladen: Leske + Budrich.

Charles, Barnes, Ryan und Clayton (2007): Airport futures: Towards a critique of the aerotropolis model. In: *Futures*. Nr. 39. S. 1009-1028.

Conventz (2009): New office space at international hub airports - Evolving urban patterns at Amsterdam and Frankfurt/M. In: *Airports in cities and regions: Research and practise*. Knippenberger und Wall (Hrsg.). Karlsruhe: KIT Scientific Publishing.

Conventz und Thierstein (2015): Airports and the knowledge economy - A relational perspective. In *Airports, Cities and Regions*. New York: Routledge.

Einig und Schubert (2008): Flughäfen als Agglomeration: zur Aerotropolisbildung in Deutschland. In: *Europa Regional*. Nr. 16. S. 102-112.

Flughafen Berlin-Brandenburg GmbH (2015): Destinationen Berlin Sommer 2015. Berlin.

Frankfurt Economic Development GmbH (2014): Büromarkt Frankfurt am Main im Überblick. Frankfurt: Frankfurt Economic Development GmbH.

Fraport AG (2015): Geschäftsbericht 2015. Frankfurt: Fraport AG.

Hennig (2014): Airport Cities – Mikrokosmos mit eigenem Flughafen. In: *Immobilien und Finanzierung - Der langfristige Kredit*. Nr. 18. S. 13-14.

Kasarda (2000): Aerotropolis: Airport-Driven Urban Development. In: *Urban Land Institute in the Future: Cities in the 21st Century*. Washington DC: Urban Land Institute. S. 32-41.

Kasarda (2001): From Airport-City to Aerotropolis. In: *Airport World Magazine*. Nr. 6. S. 42-45.

Kasarda (2006): The Rise of the Areotropolis. In: *The Next American City*. Nr. 10. S. 35-37.

Kasarda (2007): Airport cities & the aerotropolis: New planning models. An interview with John D. Kasadra.

Knapp (2013): Metropolitane flow-places. In: *Airport cities - Gateways der metropolitanen Ökonomie*. Detmold: Rohn.

Kramar und Suitner (2008): Verkehrsknotenpunkte als Innovationsstandorte? - Die Nähe zu Flughäfen als Standortfaktor wissenschaftlicher und künstlerischer Innovation. Wien: REAL CORP 008.

Kujath, Pauli und Stein (2008): Aeropolis. Räumliche Effekte und Steuerung von flughafeninduzierten Entwicklungen. Dokumentation der Konferenz vom 13. und 14. Oktober 2008, Genshagen.

Morphet und Bottini (2014): Air connectivity: Why it matters and how to support growth. PricewaterhouseCoopers.

Pohl (2009): Airport Cities: Definition für ein neues urbanes Modell. Hamburg: Diplomica-Verlag.

Sassen (2001): The Global City: New York, London, Tokyo. Princeton: Princeton University Press.

Schaafsma (2008): Accessing Global City Regions. The Airport as a City. In: *The Image and the Region - Making Mega-City Regions Visible!*. Alain Thierstein (Hrsg.). Baden: Lars Müller.

Schubert (2015): Driving factors of Airport City developments - An international comparison. In: *Airport, Cities and Regions*. Conventz und Thierstein (Hrsg.). New York: Routledge.

Schubert und Conventz (2011): Immobilienstandort Flughafen – Merkmale und Perspektiven der Airport Cities in Deutschland. In: *Informationen zur Raumentwicklung*. Nr. 1. S. 13-26.

Short (2004): Global metropolitan: globalizing cities in a capitalist world. London: Routledge.

Sieverts (2003): Cities without cities: an interpretation of the Zwischenstadt. London: Spon Press.

6.2. Internet

Arbeitsgemeinschaft Deutscher Verkehrsflughäfen (2016): Anzahl der Passagiere auf den internationalen Verkehrsflughäfen in Deutschland im Jahr 2015. Statista. https://de.statista.com/statistik/daten/studie/5646/umfrage/passagiere-auf-internationalen-verkehrsflughaefen-in-deutschland/. Zugriff am: 15.01.2017.

Flughafen Berlin-Brandenburg GmbH (2016a): Flächen und Immobilien: Airport-City. http://www.berlin-airport.de/de/geschaeftspartner/flaechen-u-immobilien/quartiere/airport-city/index.php. Zugriff am: 27.12.2016.

Flughafen Berlin-Brandenburg GmbH (2016b): Der neue Flughafen Berlin Brandenburg Willy Brandt - BER: Zahlen, Daten, Fakten. http://www.berlin-airport.de/de/ber/zahlen-daten-fakten/index.php. Zugriff am: 23.12.2016.

Fraport AG (2015): Deutschlandweite Reiseverbindungen (Bahn). https://www.frankfurt-airport.com/content/dam/airport/Dokumente/Artikel_Beitrag_en/file.pdf/_jcr_content/renditions/original.media_file.download_attachment.file/file.pdf. Zugriff am: 05.01.2017.

Fraport AG (2016): Grundstücksentwicklung und Vermietungsangebote. http://www.frankfurt-airport.com/de/b2b/immobilien.html - grundstuecksentwicklung/tab=gatewaygardens. Zugriff am: 27.12.2016.

Gansneder (2007): IVG und Fraport gewinnen KPMG als Mieter. https://www.boerse-go.de/nachricht/IVG-und-Fraport-gewinnen-KPMG-als-Mieter-Immobilien,a544002.html. Zugriff am: 20.12.2016.

Haimann (2014): Wo Fluglärm ist, werden Immobilien attraktiver. https://www.welt.de/finanzen/immobilien/article129679283/Wo-Fluglaerm-ist-werden-Immobilien-attraktiver.html. Zugriff am: 20.01.2017.

International Air Transport Association (2015): Prognostizierte Anzahl der weltweiten Flugpassagiere in den Jahren 2014 bis 2034 (in Milliarden). Statista. https://de.statista.com/statistik/daten/studie/374860/umfrage/flugverkehr-entwicklung-passagiere-weltweit/. Zugriff am: 15.01.2017.

oneworld Alliance LLC (2017): Member airlines - airberlin. https://www.oneworld.com/member-airlines/airberlin. Zugriff am: 15.01.2017.